OUT OF THIS WORLD
走 出 这 个 世 界

认识美国国家航空和航天局发明家**威廉·惠特克**和他的

外星洞穴探险者

ALIEN CAVE EXPLORERS

[美] 杰夫·德·拉·罗莎 著
杨先碧 徐 娜 译

上海译书出版社

上海市版权局著作权合同登记章：图字09-2018-354

Alien Cave Explorers

目 录

词汇表 第45页为术语词汇表。词汇表中的术语在正文中第一次出现时为粗体。

引言

在过去 50 年里，科学家已经掌握了**太阳系**中岩石星球的若干信息。多种航天器已经拍摄到火星、金星、水星和月球的照片，科学家通过航天器传输的数据绘制了这些星球的**地形**图。20 世纪 60 年代和 70 年代，航天员多次踏上月球表面，并在月球上漫步。从 20 世纪 90 年代末至 21 世纪初，多辆火星**漫游车**登陆火星表面，它们发回的照片改变了我们对火星的认知。

从某种意义上来说，目前人类对其他星球的探索都是浅层次的。要充分了解外星上的未知世界，我们必须从它表面往下挖掘。然而,要在外星上向地下挖掘数米，目前还是一项艰巨且花费昂贵的任务。或许，我们还可以想别的办法。

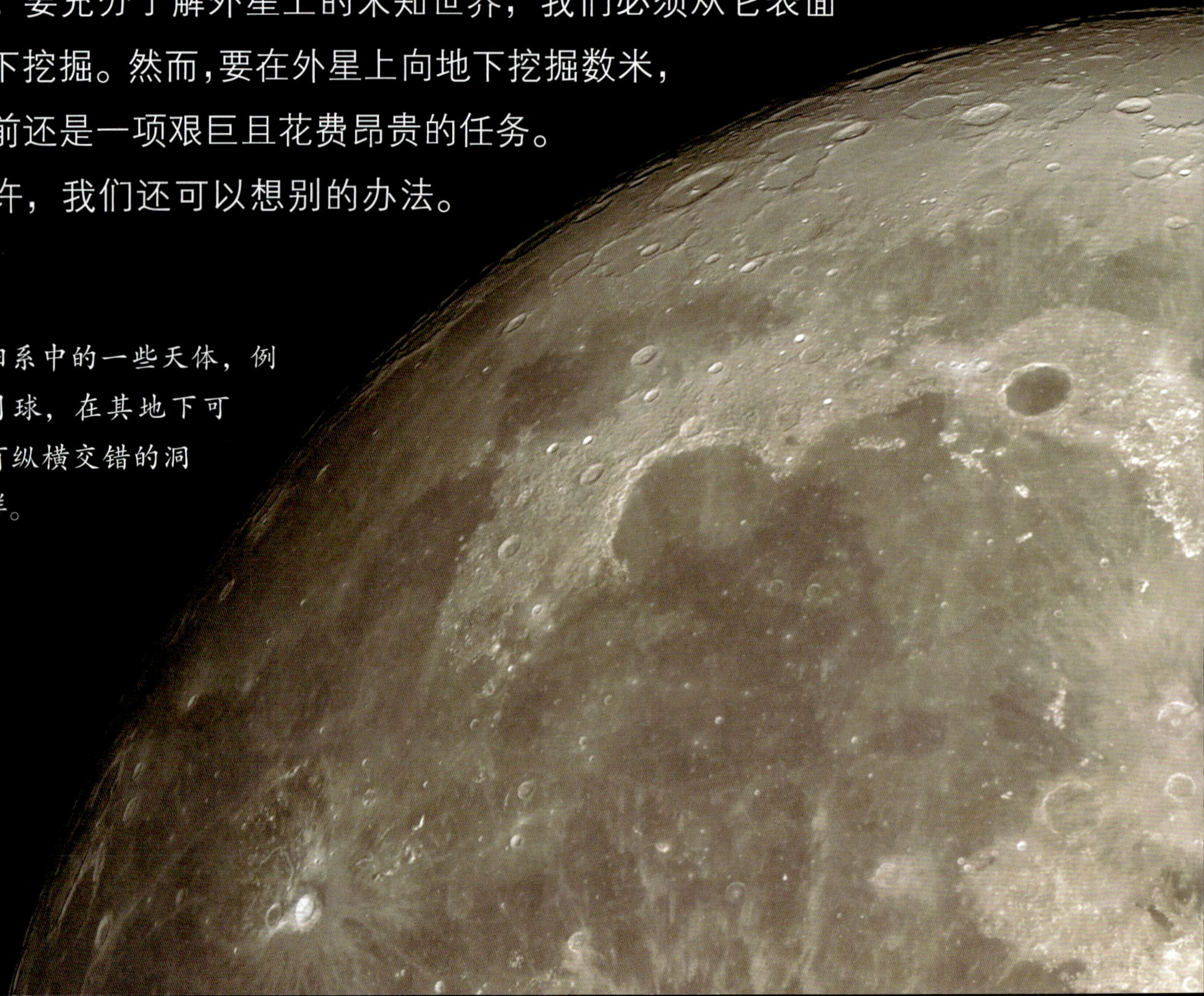

太阳系中的一些天体，例如月球，在其地下可能有纵横交错的洞穴群。

近十多年来，利用日益成熟的成像技术，人们已经探测到太阳系各个岩石星球表面有数以百计的坑洞。有证据表明，许多坑洞可能与地下洞穴相连。

其他行星上的洞穴，比如火星上的洞穴，将揭示一些未解的科学之谜。由于火星表面寒冷而干燥，尽管科学家认为火星上有水，但是认为这些水几乎储存在地下。此外，火星上的环境曾经比较有利于生物生存。如果火星上曾经演化出生命，在环境变得恶劣之后它们可能撤退到地下洞穴中。无论科学家要在火星上寻找水，还是要寻找生命存在的证据，洞穴都是值得探索的地方。

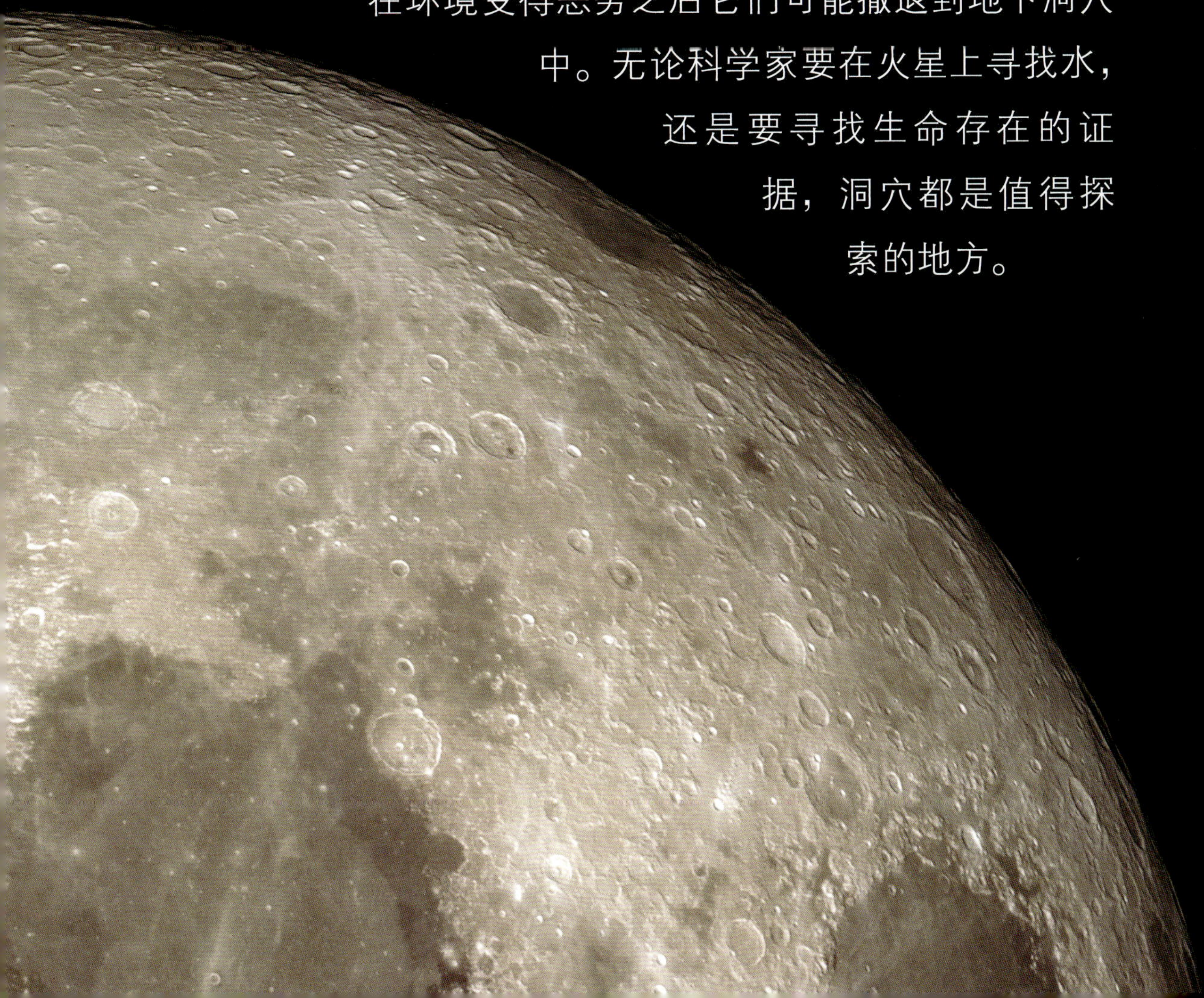

工程师威廉·惠特克想把机器人送入外星坑洞中，以便探索外星地下洞穴。但是，这样的探索并不容易，因为洞穴呈现出各种各样特别复杂的地形。由于洞穴是隐蔽的，洞穴探险者在进入洞穴之前，不会知道他们将面临怎样的挑战。洞穴探索机器人必须在黑暗中独自工作，没有**太阳能**作为动力，也不能与地球上的科学家及时联络。

即使面临这些挑战，探索任务也是值得去做的。这不仅仅是满足人们的好奇心，还可以带来实际的利益。人类祖先曾经利用洞穴作为天然的庇护所。如果人们今后要在月球或火星上生活，他们或许可以利用洞穴来保护自己和相关设备，避开那些危险的环境。

美国国家航空和航天局创新先进概念计划

“走出这个世界”系列丛书的主题，聚焦那些从美国国家航空和航天局成立的组织中获得大量拨款的项目。美国国家航空和航天局创新先进概念计划（NIAC）为致力于在空间技术中进行大胆创新研发的团队提供资金支持。你可以访问 NIAC 的网站 www.nasa.gov/niac 获取更多资讯。

认识威廉·惠特克

“你好！我是威廉·惠特克。我是一名工程师，也是卡耐基·梅隆大学（位于宾夕法尼亚州匹兹堡市）的机器人学教授。当我还是个孩子的时候，我就喜欢到洞穴里去玩耍。现在我正致力于开发用于探索月球和火星等外星洞穴的机器人。”

洞穴

洞穴是指天然的空洞，在地面上有洞口可让人进入。一些洞穴只有单个洞室，通常只有几米长。大的洞穴则呈现出复杂的网络状的内部结构，包括若干洞道和洞室。地球上迄今为止已发现的洞穴中，最长的是猛犸洞，位于美国中部的肯塔基州。这个洞穴已探明的洞道长度有 550 千米，但是科学家认为它实际上可能更长。

地球上大部分洞穴都是溶洞。溶洞是由水的作用形成的。地下水形成的涓涓细流，慢慢地溶解石灰石或类似的岩石。经历数万年的历程,柔弱的水逐渐掏空了岩石,“雕刻”出洞道和洞室。最终，洞穴的部分岩石可能会坍塌，形成一个垂直入口，那就是天坑。也有洞穴的入口(尤其是有水往外流的洞口)是较平的，出现在山坡上或山谷中。

溶洞的内部黑暗且潮湿，终年不见天日。携带照明灯具的探险家会在溶洞中发现壮美的景观，那里有许许多多形态各异的石头,比如钟乳石和石笋。钟乳石悬挂在洞穴顶部,就像是冰淇淋。石笋位于洞穴地面，就像是雨后春笋。不少洞穴内还有地下湖泊、河流和瀑布。

地球上的大部分洞穴是在水的作用下形成的，就像图中的这个溶洞，它位于中美洲国家伯利兹。

熔岩管

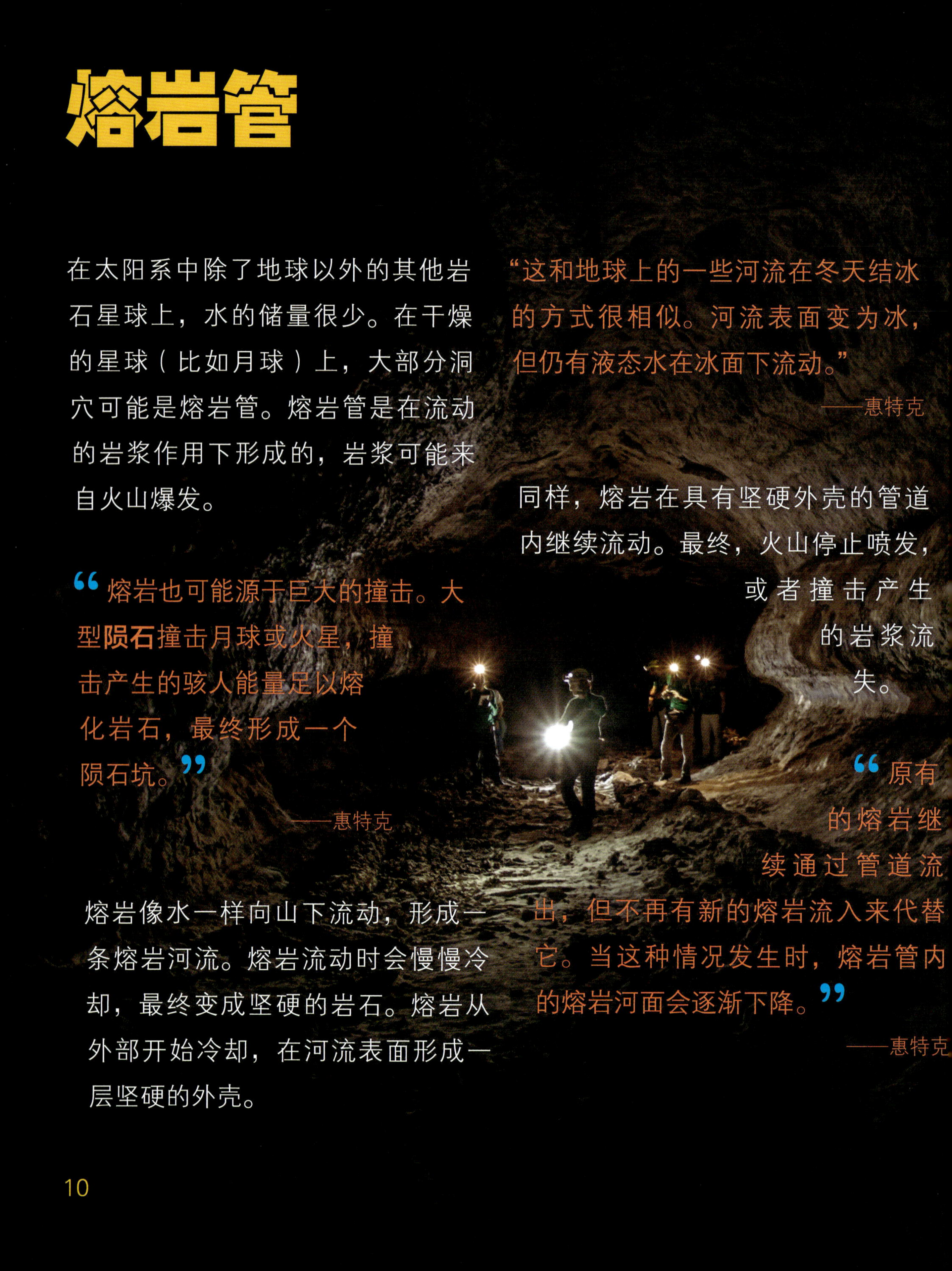

在太阳系中除了地球以外的其他岩石星球上，水的储量很少。在干燥的星球（比如月球）上，大部分洞穴可能是熔岩管。熔岩管是在流动的岩浆作用下形成的，岩浆可能来自火山爆发。

“熔岩也可能源于巨大的撞击。大型**陨石**撞击月球或火星，撞击产生的骇人能量足以熔化岩石，最终形成一个陨石坑。”

——惠特克

熔岩像水一样向山下流动，形成一条熔岩河流。熔岩流动时会慢慢冷却，最终变成坚硬的岩石。熔岩从外部开始冷却，在河流表面形成一层坚硬的外壳。

“这和地球上的一些河流在冬天结冰的方式很相似。河流表面变为冰，但仍有液态水在冰面下流动。”

——惠特克

同样，熔岩在具有坚硬外壳的管道内继续流动。最终，火山停止喷发，或者撞击产生的岩浆流失。

“原有的熔岩继续通过管道流出，但不再有新的熔岩流入来代替它。当这种情况发生时，熔岩管内的熔岩河面会逐渐下降。”

——惠特克

最终，所有的岩浆都流出来了，管道的外壳完全变硬，一条狭长的洞穴就形成了，这就是熔岩管。

在地球上，熔岩管发现于有火山活动的地方。在太阳系的所有岩石星球上，地球是地心引力（也称重力）最强的地方。重力不断拉拽正在流动、硬化的熔岩，限制了熔岩管的最终尺寸。

然而，在月球和火星上，引力则要弱得多，那里就可以形成巨大的熔岩管。

“在低引力的环境下，这些熔岩管可以变得更宽、更高；而且在某些情况下，可比地球上的熔岩管长得多。”

——惠特克

页的图中科学家正在探索熔岩管。

熔岩管可能隐藏在地下，直到它的一部分顶部突然坍塌，在地面形成一个叫作天窗的开口。

天坑

不只是熔岩管会出现顶部突然塌陷的情况，溶洞也可能塌陷而形成一个深坑，这就是天坑。2014 年，在美国克尔维特国家博物馆（位于肯塔基州鲍灵格林市），一夜之间出现了一个巨大的天坑，吞噬了 8 辆经典版雪佛兰轿车。

发明者的故事：

从小喜欢探索洞穴

惠特克从小就显示出对地下勘探的兴趣。

“我小时候生活在宾夕法尼亚州西部，那里有阿勒格尼山脉。我在那里度过了快乐的童年，有时去林中爬树，有时去河里游泳，有时去洞穴中探险。我甚至还会钻到地窖里去玩，那是人们冬天用来存放苹果、土豆等食物的地方。”

——惠特克

惠特克长大之后，幼时的兴趣发展成对登山和洞穴探险的特别爱好。

“那一度是我最大的业余爱好。我不断地探索更大、更有意思的洞穴和山峰，并乐在其中。”

——惠特克

在童年时代，惠特克有一个“红毛”的外号，那是因为他的头发是红色的。

“我想，美国几乎每个长有红发的孩子都会被别人称为红毛。我曾经有很长时间拒绝接受这个外号。” ——惠特克

惠特克最终接受了这个外号。尽管后来他的头发不再是红色，人们还是称他为红毛。

“现在我用红毛这个名字来做很多事情。无论是在支票上签名，还是签署合同，我都用这个名字。我就是红毛·惠特克，那就是我。” ——惠特克

定位洞穴

“外星洞穴一直是科幻小说的常见题材，这样的幻想已经有 100 多年的历史了。直到现在，我们还处于幻想之中，因为我们找不到进入外星洞穴的方法。”

——惠特克

十多年前，随着高**分辨率**成像技术的进步，外星洞穴的科学研究就开始了。从外星轨道上拍摄的图像分辨率越高，就越容易看到外星洞穴的细节。

2009 年，利用拍自月球和火星的高清晰图像，科学家开始鉴定这些星球上的洞口。这些图像的分辨率大多为几米（就好比在这些图片所拍摄的区域中，如果有一辆轿车，那辆轿车在图片上只是一个小黑点），因此科学家还难以确定他们看到的究竟是什么。科学家识别洞口或其他特定地形，往往需要对比图像上的亮区和阴影。

“如果图中有土堆或山峦，它的一侧会出现亮区，而相对的另一侧则是阴影。如果图片中有坑洞，那么我们就可以在图片上看到圆形或近似圆形的阴影；而在阴影的边缘会有一道弧形的亮区，就像是一弯新月。”

——惠特克

轨道空间探测器，如美国于 2009 年发射的月球勘测轨道飞行器，可以描绘出目标天体表面的细节，拍摄到大量的高分辨率图像。

利用专业的计算机软件，科学家可以较为容易地寻找到外星表面的亮区和阴影。

“计算机会寻找到大量可能有坑洞的区域，然后将它们圈出来，人们再对这些区域进行筛选和验证。”——惠特克

业余的洞穴探索者

任何人都有能力辨识大多数高分辨率的外星表面图像，这使得业余洞穴探索者可以从图像中寻找到外星洞穴。2010 年，长青中学（位于美国加利福尼亚州卡顿伍德）的学生，在火星帕蒙尼斯火山的斜坡上发现了一个大天窗（见下图）。美国国家航空和航天局当时正在推广“学生火星成像项目”，许多学生参与其中，和科学家合作寻找外星上的奇特地形。

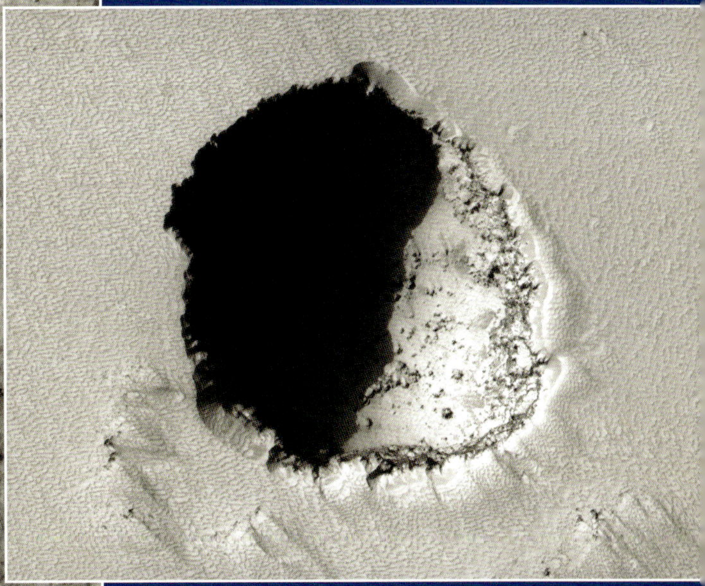

探险行动

外星洞穴探险并非我们想象的那么简单，因为我们不能简单地将漫游车送到外星洞穴中。事实上，大多数漫游车都设计成可在相对平坦的表面上运行。科学家在选择外星着陆点时，通常也会选择那些没有坑洞、斜坡和其他特殊地形的区域，以避免漫游车受损或搁浅。

而惠特克的洞穴探索机器人，就不得不选择在目标洞穴附近着陆。机器人进坑洞，是一项具有挑战性的任务，因为坑洞内往往比较复杂，充满了碎石和其他障碍物。

“这些坑洞有的很凶险，进去就会遭遇悬崖峭壁；也有的比较平缓，有一道长长的斜坡从洞口延伸到底部。”

——惠特克

从外星轨道上拍摄图像，就不必面临这样的困境。当然，从外星轨道上拍摄图像也有一定的局限性，因为有一些洞穴在轨道探测器的视野之外。科学家也不能事先确定洞穴探索机器人将会面临怎样的挑战，只有接近洞穴的时候才能真正知晓。

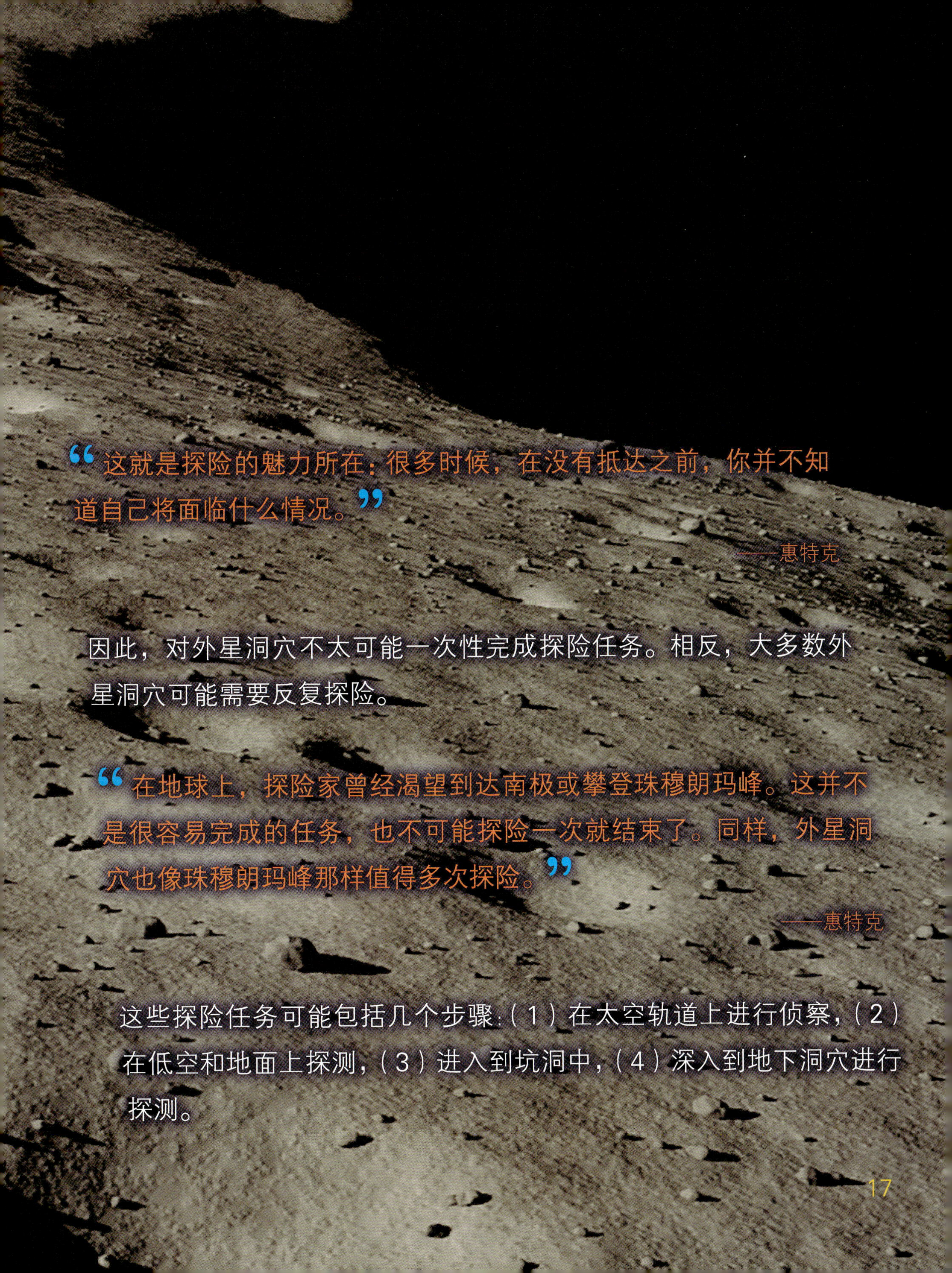

“这就是探险的魅力所在：很多时候，在没有抵达之前，你并不知道自己将面临什么情况。”

——惠特克

因此，对外星洞穴不太可能一次性完成探险任务。相反，大多数外星洞穴可能需要反复探险。

“在地球上，探险家曾经渴望到达南极或攀登珠穆朗玛峰。这并不是很容易完成的任务，也不可能探险一次就结束了。同样，外星洞穴也像珠穆朗玛峰那样值得多次探险。”

——惠特克

这些探险任务可能包括几个步骤：（1）在太空轨道上进行侦察，（2）在低空和地面上探测，（3）进入到坑洞中，（4）深入到地下洞穴进行探测。

第一阶段：轨道侦察

当探索外星洞穴的航天器进入外星轨道时，首要的任务是对洞穴进行侦察和定位。当航天器从外星的表面图像上识别出洞穴后，它就可以靠近洞穴以便实施进一步的探测。

地球上的探索者通过分析航天器从轨道上拍摄的图像来了解洞穴。这些数码图像是由若干个很小很小的方格组成，这些小方格被称为像素。像素的大小决定了图像的分辨率。举例来说，某张图片上的一个像素代表 1 平方米的外星表面。这样，探索者通过计算像素的多少，就可以确定外星洞穴洞口的大小。

通过测量图像上洞穴中阴影的相关数据，训练有素的研究人员也可以估算某个坑洞的深度。他们可以通过图像中的亮度变

“到目前为止，我们已经确定了月球和火星上一些大小不同的坑洞。有些坑洞有专业体育场馆的规模，最小的坑洞大概只有一幢小别墅那么大。”

——惠特克

化，来了解洞穴内的地形情况。光滑平整的表面在亮度上变化不大，而粗糙、布满碎石的表面则呈现光影交错的特点。

“一些照片拍得很好，你甚至可以看到洞里的巨石或洞顶坍塌下来的堆积物。”

——惠特克

轨道航天器甚至可以拍摄出坑洞的立体图像。在这项技术中，飞船从两个稍有不同的角度拍摄两幅图像。把这些图像合成起来，就能显示出景深，从而提供坑洞的立体图像。

如果能够在不同的光照条件下拍摄一个坑洞，航天器就可以收集到更多有关坑洞的信息。上面展示的是同一个月球洞穴在不同时间的两张照片。在不同的图像中，坑壁和洞顶被阳光照亮的部分有所不同。

上述信息有助于探索任务的负责人选择所需要探索的洞穴，并在附近选择一个安全的着陆点。这些信息还可帮助负责人决定选择哪种机器人降落到坑洞中。

当然，科学家有许多不同的方法来寻找地下洞穴，包括从太空轨道上来搜索。

“我可以说，你从太空轨道上可能看不到地下洞穴。对于那些小洞穴来说，尤其如此。但是，对于那些大洞穴，你可以通过测量重力的变化来探测。”

——惠特克

一个物体在某个天体上所受到的重力与两者的**质量**都有关。质量越大，重力越大。我们可以设想，用一个轨道探测器测量它在月球上受到的重力。探测器探测到月球某一区域的重力略微下降，这表明月球的那部分区域质量略微减少。这很可能就是那里出现了地下洞穴。

2012 年，两个轨道探测器就是这样对月球上的重力变化情况做了详尽的观测。这也是美国国家航空和航天局的 GRAIL 任务的一部分（GRAIL 的意思是重力回溯及内部结构实验）。

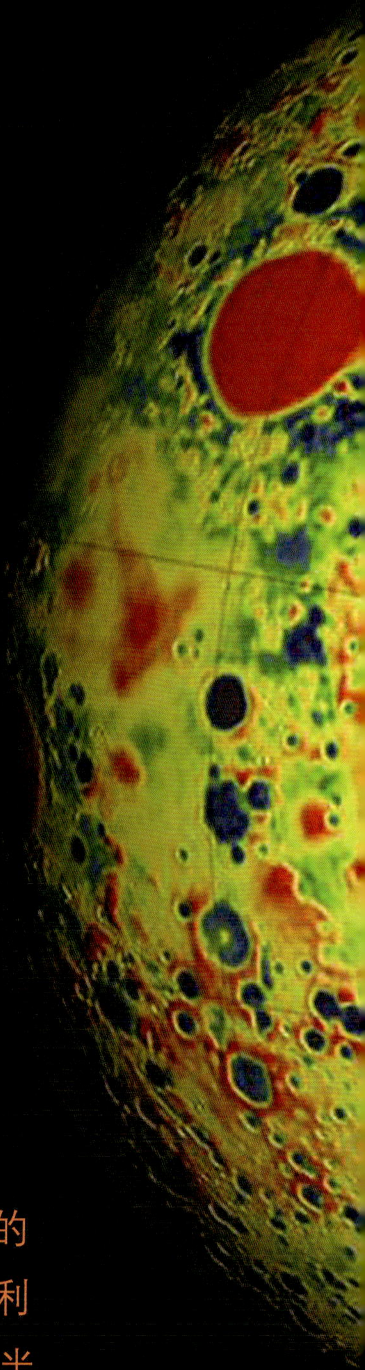

“2016 年，研究 GRAIL 数据的科学家发现了月球上的一个巨大的地下洞穴。它又长又窄，形状像一个意大利长棍面包，相当于曼哈顿（美国纽约市的一个区）一半的大小。”

——惠特克

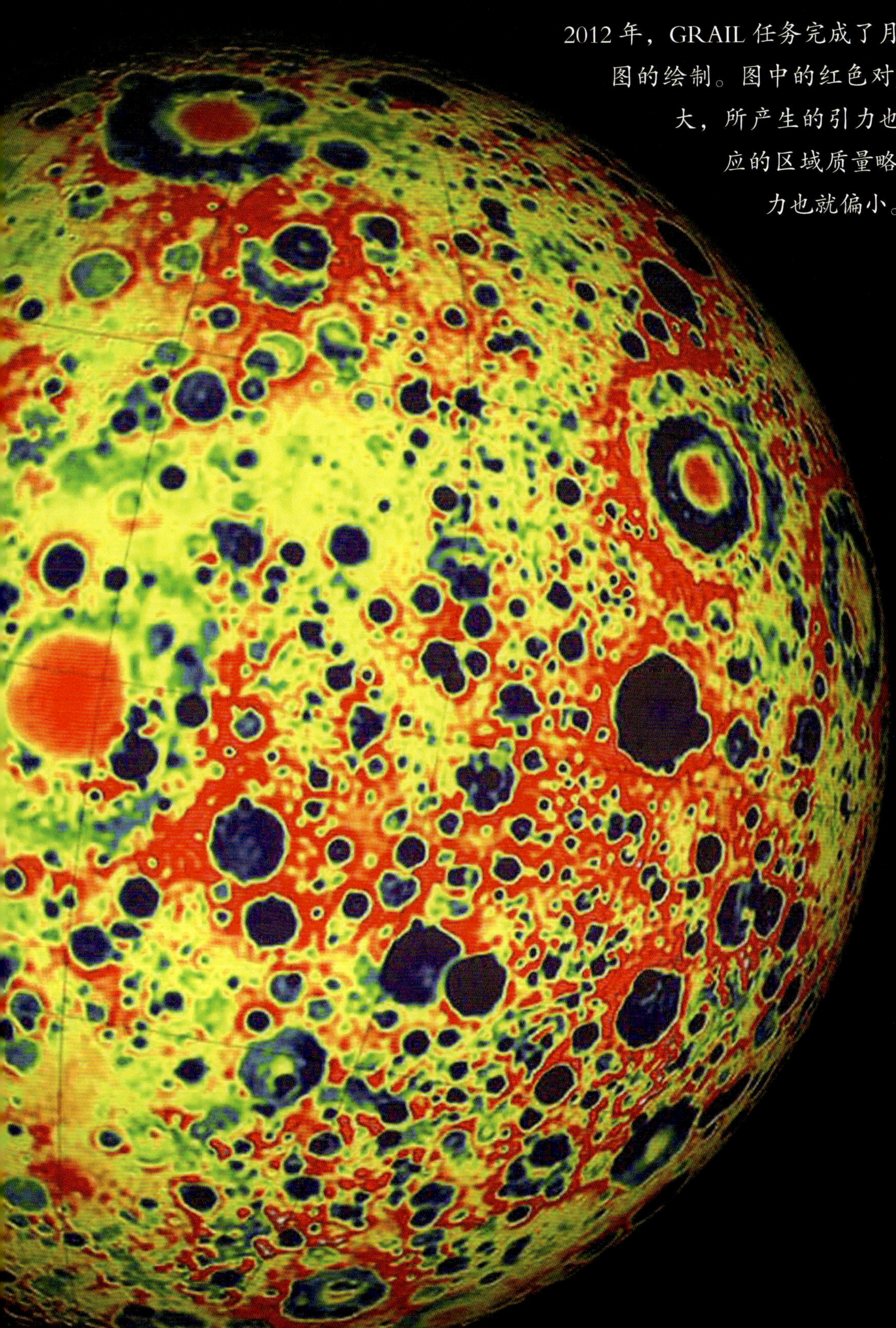

2012年，GRAIL任务完成了月球表面引力场地图的绘制。图中的红色对应的区域质量稍大，所产生的引力也就更大；蓝色对应的区域质量略小，所产生的引力也就偏小。

第二阶段：低空和表面侦察

“现在，科学家已经对火星和月球表面拍摄了大量高分辨率图像，也进行了其他一些测量。在某些情况下，测量精度小于 1 米。你可以跟随火星车或其他**着陆器**去观察火星，也可以看到航天员留在月球上的足迹。但是，从太空轨道上看下去，你可能永远也看不到洞穴内部的情况。”

——惠特克

为了发现与坑相连的洞穴，科学家们必须派探险机器人做更进一步的观察。第一步可能是派一架无人机在坑洞上空盘旋，对它进行近距离观察。惠特克设想，无人机可以搭载在着陆器上。当着陆器降到低空时，无人机和着陆器分离，无人机可以靠近坑洞，拍摄坑内的详细图像。

在坑洞附近着陆后，无人机还可以释放一辆漫游车。漫游车将接近深坑，从坑的边缘进行详细的检查。

在这张艺术设想图中，着陆器慢慢下降以探索月球坑。

“首次从地面上探测坑洞可能使用轮式机器人，它们与现在使用的漫游车没有太大区别。这些机器人将抵达这些大坑，开始第一次观测。”

——惠特克

如果要探测外星洞穴，需要对现有的漫游车在设计上做一些改进。毕竟现在的绝大多数漫游车，都只是为了就近探测而设计的。

探测坑洞的漫游车需要装备远程探测仪器。漫游车需要靠近坑洞边缘，探测坑洞和洞口边缘数百米范围内的情况。

“从机器人的视角来看，抵达外星坑洞，就像是来到了大峡谷。”

——惠特克

根据漫游车收集的相关信息，我们可以确定这个坑洞是否与地下洞穴相连。这些信息也将有助于设计一辆能进入坑洞内的漫游车。一旦观察完成，项目负责人甚至可能考虑派漫游车进入坑洞内。

“我们可能下到洞穴去瞧瞧，但是如果采用只能在外星表面运行的漫游车，那就不大可行了。”

——惠特克

在第 23 页图片中的那个着陆器，释放了一辆坑洞探险漫游车。

“为了避免陷入困境，如今探索外星的机器人不是两脚行走的机器人，而是轮式机器人，也就是那种拥有轮子和发动机的漫游车，漫游距离通常只有几米。”——惠特克

发明者的故事：

来自儒勒·凡尔纳的启发

惠特克对太空探索的兴趣，部分源于法国科幻小说作家儒勒·凡尔纳的作品。

“当我还是个孩子的时候，我就喜欢他的作品。就在几年前，我重读了他的小说《从地球到月球》（1865 年出版）。它已经有 150 多年的历史了，但是我对他科幻小说中所描述的技术细节还是有相当深刻的印象。”

——惠特克

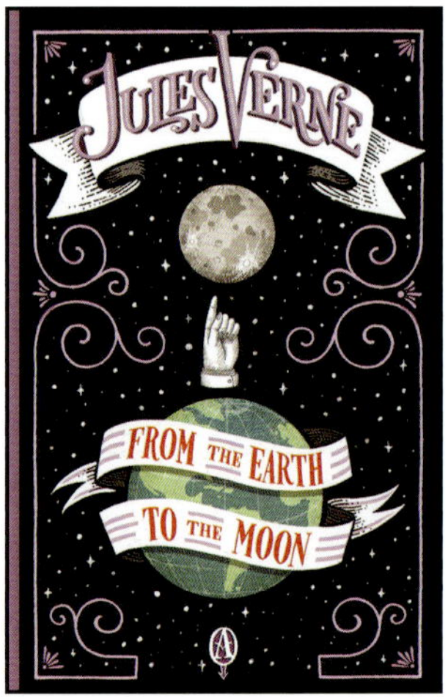

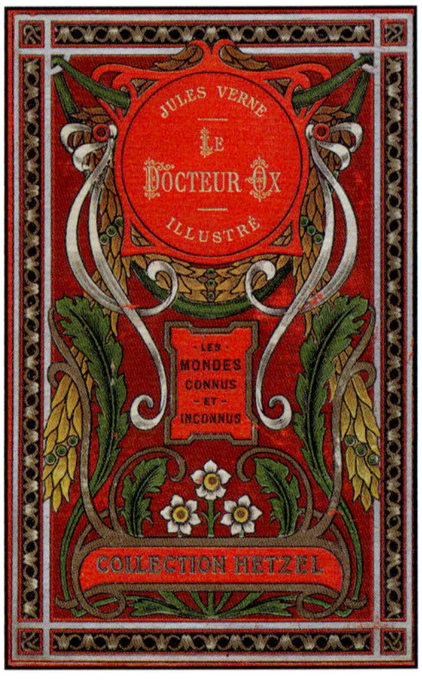

儒勒·凡尔纳

儒勒·凡尔纳（1828—1905），法国小说家，被誉为“现代科幻小说之父”。虽然他撰写那些科幻小说时连飞机都还没有被发明出来，但是在如今太空探索时代，他的小说依然流行。凡尔纳预测了飞机、电视、导弹和卫星的发明，他甚至准确地预测了这些新发明的用途。

凡尔纳聪明地利用了现实生活的一些细节和可信的猜想，让人信服那些不可思议的科幻冒险故事。他的科幻故事充分利用了19世纪广泛传播的科学知识。他让读者随着自己的小说畅游世界各地，甚至深入到地下，或是上升到太空。

凡尔纳在1870年出版的小说《海底两万里》，讲述了疯狂的尼摩船长利用潜艇漫游海底的故事。在《八十天环游世界》（1873年）里，菲利亚·福格为了赢得赌注，在当时的人认为不可能的80天内环游了地球。凡尔纳的其他作品还有：《地心游记》（1864年），《从地球到月球》（1865年），《环绕月球》（1870年）。

第三阶段：进入坑洞

“与在外星表面巡查相比，进入坑洞并在洞中巡查是个巨大的挑战。”

——惠特克

第一个进入坑洞的机器人必须应对一些复杂的地形。至少，它要能越过坑洞斜坡上的碎石堆。

“幸运的是，机器人下坡的本领要比爬坡的本领大得多。”

——惠特克

坑洞漫游车需要越野轮胎，还有较高的离地间隙。离地间隙是指车辆除车轮之外的最低点与地面之间的距离。具有较高离地间隙的车辆可以越过较大的障碍物。坑洞漫游车可以通过缆绳和动力锚相连，也可以和着陆器相连。如果这辆漫游车陷在泥地里，它可以被动力锚或着陆器通过缆绳拉出来。

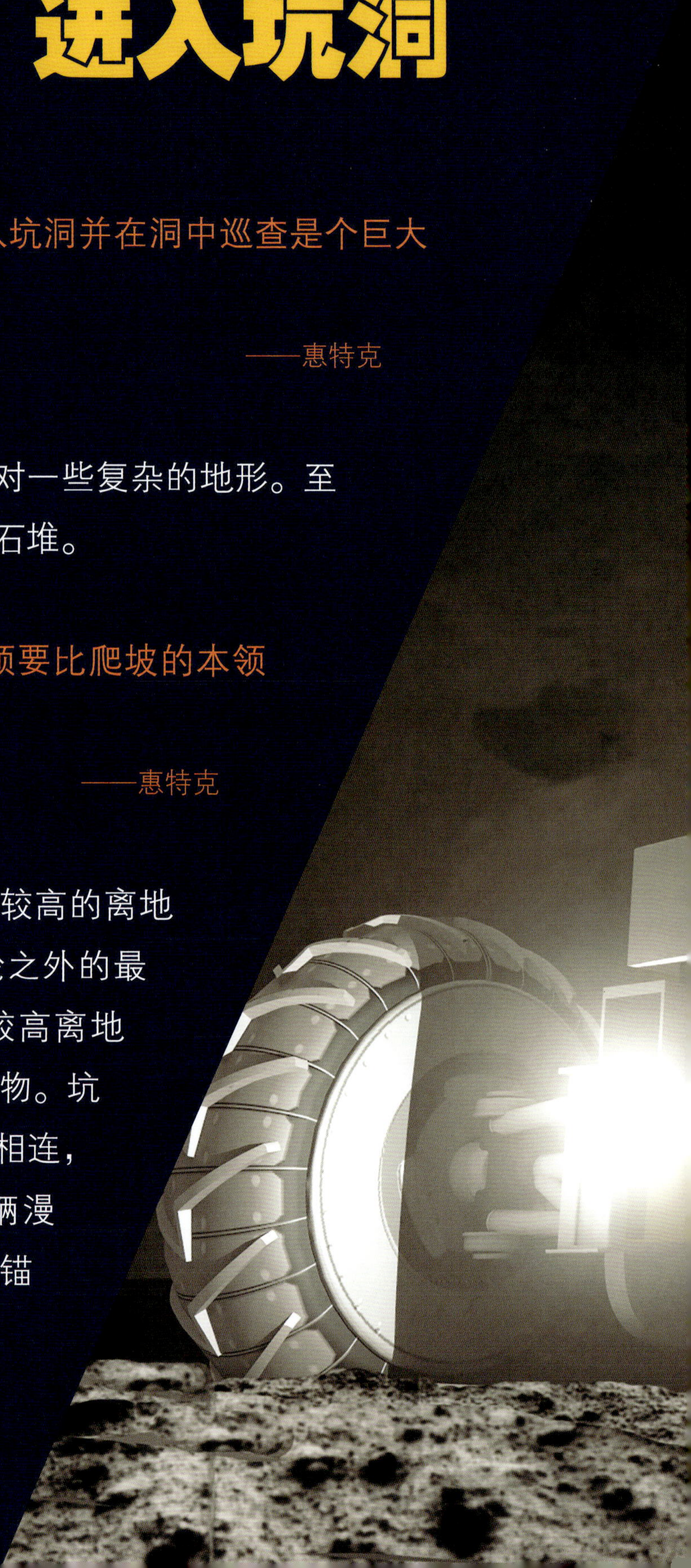

洞穴跳跃者

惠特克的团队也在研究在崎岖地形上或洞穴内跳跃的机器人，因为低引力的外星环境（比如火星和月球）可让机器人更好地跳跃。但是，跳跃机器人也有它的缺点，因为它的运动更加难以控制和预测，这就导致它可能被困住，收集有效数据的难度也会更大一些。

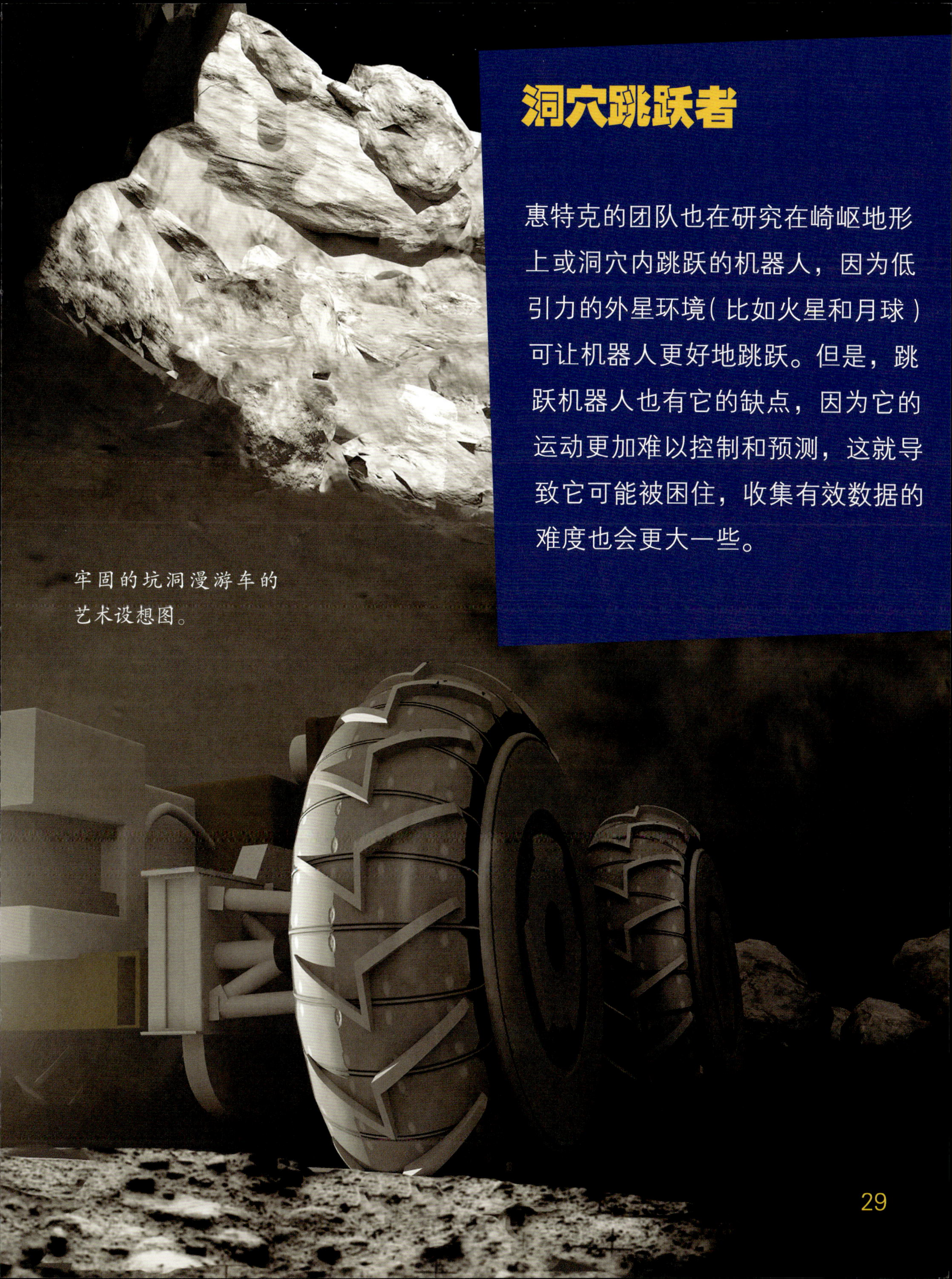

牢固的坑洞漫游车的艺术设想图。

大创意：

溜索

漫游车从碎石成堆的斜坡上爬下去，是一个困难重重的挑战。但是，与从天窗进入巨大的熔岩管相比，可能会简单一些。从天窗进入熔岩管往往会遭遇悬崖，需要用缆绳将漫游车降到几十米深的洞穴中。

惠特克已经开发出一种特殊的机器人用于探索外星洞穴。他称之为溜索机器人，因为它利用了登山所用的溜索。登山者常用溜索穿越峡谷。溜索可以横跨峡谷，固定在峡谷两端，登山者吊在溜索上并沿着缆绳移动。

溜索机器人也是吊在溜索上，沿着溜索移动。不过，这根溜索的一端固定在着陆器上。溜索另一端载着机器人下降到洞底，机器人将溜索固定在洞底。然后，机器人就可以沿着溜索移动，从半空中观测洞穴。

溜索可让机器人对洞穴内部进行详细的观测。机器人可以沿着溜索任意移动，从多个角度拍摄洞穴图像。溜索甚至可以帮助卷扬机（用卷筒缠绕钢丝绳或链条提升或牵引重物的小型起重设备）把仪器送到洞底。卷扬机也可以把漫游车送到洞底。

在这幅艺术设想图中，爬壁机器人正在攀登火星上的悬崖。

爬壁机器人

研究人员也在研发能够爬壁的机器人，让它们可以像壁虎那样在墙面和天花板上随意攀爬。目前设计的爬壁机器人尚不能进入外星，但将来还是有望去外星探索洞穴。

发明者的故事：

有一个科学家妈妈

惠特克对科技的兴趣是妈妈帮他培养起来的。

“我妈妈总是走在时代的前列。她知道很多科学知识，我小时候从她那里学到了很多。”

——惠特克

20 世纪初，妇女在科学和工业中的作用受到极大的限制。但是，当许多男人去海外参加第二次世界大战（1939—1945），给女性进行科学研究带来了新的机遇。

“我妈妈是匹兹堡一家钢铁厂的化学家。在此之前，她在梅隆学院（现在是卡耐基·梅隆大学的一部分）学习过。她在那里学到了很多化学知识。”

——惠特克

惠特克的妈妈曾经和他人共同发明了用于牛奶纸盒的防水蜡，并获得专利。

“我妈妈是个与众不同的人。她甚至还当过飞行员。”

——惠特克

她曾经做过派珀飞机公司(位于美国宾夕法尼亚州)的飞行员。

在这张拍摄于 1941 年的照片中，派珀飞机公司的女飞行员向长官敬礼。

第四阶段：地下勘探

无论是让漫游车从坑洞的斜坡上行驶下去，还是利用卷扬机将它从天窗放下去，都是为了让漫游车进入地下洞穴。为了继续探险，漫游车需要一些特殊的能力。首先，它必须能够具有在复杂且未知的地形上的导航能力。其次，它还需要能量来源。对惠特克的研究团队来说，如何确保漫游车有足够的能量，面临着不少新的挑战。

“在探险过程中，所有一切都需要能量。漫游车转动轮子、利用传感器观测、进行电脑运算或传输数据，所有这一切都需要能量。”

——惠特克

大多数漫游车能从太阳那里获得能量，使用被称为太阳能帆板的装置将阳光转化为电能。航天专家都喜欢太阳能，因为这是在太空中最容易获得的一种能源。

“然而，在黑暗的洞穴里，没有阳光为漫游车提供能量。因此，它将不得不携带储能装置。”

——惠特克

第一批洞穴漫游车很可能由蓄电池来提供能源。它们得不时地返回洞口，利用阳光为蓄电池充电。即便如此，它们也必须尽可能地节约能源。它们不得不在黑暗中工作，只有利用常规的灯光或**激光**来照明，才能观测到周围的情况。

如果洞壁妨碍了漫游车和外界的通信，这就有些麻烦了。科学家已经提出了解决这个问题的几种方法。为了接收指令或发送数据，漫游车可能不得不返回洞口。或者，漫游车可以拖着一根电缆前行，电缆和洞外的着陆器相连。这根电缆既能为漫游车提供电能，也能作为通信数据线，但是电缆可能会缠在石头上，可能会打结，长度也有限，这将会大大限制漫游车的机动性。还可以让溜索机器人或着陆器留在洞口，作为漫游车和外界通信的中继站。

科学家需要与漫游车进行通信，以便控制它们的行动。然而，科学家和漫游车的通信受到很大的限制，因此漫游车必须能够自行操纵和决策。

回馈地球：

太空研究的成果和创意也可用到地球上。

美国国家航空和航天局为什么要投入大量资金到太空研究中？其中一个理由是这种研究可以为生活在地球上的人们带来实际的利益。比如，用于外星探索的机器人也可以为我们现实生活提供各种实用的服务。惠特克设计的洞穴机器人可以用于检测和维修下水道系统，也可以在采矿业中发挥更大的作用，避免每年数以千计的人因矿难而丧生。

大创意：
在黑暗中观测

“如何用较少的能量在黑暗中看到周围环境？我们举例来说明：如果不用持续照明的光源，你可以用闪光灯拍照。”

——惠特克

在复杂的洞穴环境中，照片上的不同区域在细节上会有所差异，这取决于被拍摄的区域与相机的距离。

“非常接近相机的地方会有些发白，因为它反射了过多来自闪光灯的光。越过这片区域，相对来说就清晰得多，也能更好地看到一些细节。然后在更远的地方，你可能什么也看不见，那里因闪光难以照到而依然一片黑暗。”

——惠特克

为了让拍出来的照片显示更多的细节，你可以通过控制曝光时间的长短来解决这个问题。

“使用闪光灯，你还可以控制快门速度来获得不同曝光程度的照片。如果你选择长曝光拍摄，那么远处那些较暗的景物也会在照片上呈现出来。如果你选择拍摄快照，那么近处的景物将会清晰地呈现出来。”

——惠特克

把那些曝光时间有所差异的图像放在一起观察，我们就可以看到不同距离景物的特征。

“在同样的照明条件下，我们可以拍摄 20 张不同曝光时间的照片，然后将这些照片在电脑上合成一张图像。这样，我们就可以把不同景深的图像堆积在一起。这就是我们花较少的能量来看得尽量远的一种方法。类似的观测技巧我们还有很多很多。”

——惠特克

这是美国夏威夷一处熔岩管的内部照片，是用 3 张曝光时间不同的照片合成的。

发明者的故事：

业余经营农场

发明家并非把所有时间都花在实验室里。他们也像我们一样，有自己的业余爱好和兴趣。而惠特克的业余爱好是经营农场。

“我拥有一家养牛场。我在那里养牛，并且种植牛所需的植物。我的农场在美国宾夕法尼亚州，主要种植玉米、燕麦、大麦，当然还有大量的草地。我会把一些青草晾晒成干草。”——惠特克

在自己的工程师职业步入正轨之后，惠特克开始在业余时间经营农场，因为当时他突然意识到自己失去了和大自然的联系。

“我在城市的大楼里忙忙碌碌，不是在实验室，就是在办公室。当我有一天朝窗外望去，发现外面的世界也很精彩。这对我产生了极大的触动，我发现自己抛弃了一些自己感兴趣的事物，比如在户外活动，或是做一些体力劳动。”——惠特克

在考虑了几种可选择的业余爱好之后，惠特克决定尝试农业。他最初只是想当 10 年的农场主，而在 25 年后，他仍利用业余时间在自己的农场上忙碌着。

为什么研究洞穴

科学家们想探索外星洞穴的原因有很多，其中一个原因是洞穴可以提供相当原始的（干净的、尚未有人接触的）环境。

“许多人没有意识到月球上的粉尘有多厉害。月球表面覆盖着厚厚一层特别细碎的粉尘，它可以黏附在一切物体上。它甚至可以钻入探测器内部，也可以通过接缝处渗透到航天服的内部。” ——惠特克

由于月球几乎没有大气，微陨石源源不断地轰击月球表面，生成大量细碎的尘埃。而在地球上，这些微陨石在穿越大气层时就被燃烧殆尽。在被微陨石长年累月轰击之后，月球表面形成厚厚一层粉末，那就是月尘。因为月球上没有风，月尘一旦生成，就会固定在一个地方，而不会四处飘散。

“如果你深入到月球洞穴，你就会发现那里很可能没有灰尘，因为它形成的时候没有灰尘，后来也没有灰尘吹进来。那么，它们可能就是一处纯净无尘的所在吗？如果真的如此，那么这些洞穴很可能就是月球上仅有的无尘之地。” ——惠特克

火星上的洞穴更令人着迷，因为科学家可能在那里找到水。

“在大多数情况下，火星上的水不是在地表，而是在地下。”

——惠特克

因此，洞穴探险家可能在火星上找到水。科学家们还认为，火星环境或许曾经滋养过生物。如果火星曾经有生命，那么当地表环境变得恶劣之后，它们很可能转移到地下继续生存。虽然可能性很小，但是洞穴探险家还是可能发现火星曾经有生命的化石证据，甚至可能发现仍然存活的洞穴生物。

科学家还希望用无人机进行探测。无人机也可以作为未来外星洞穴探险的一种工具。虽然火星上空气稀薄，但是它还是能够承载特殊设计的飞行器。科学家正在试验一种喷气式无人机，它采用一种和火箭发动机原理差不多的喷气发动机。这种无人机可以探测外星洞穴，甚至可以飞入洞穴中进行探险。由于这种无人机可以靠喷气来提供升力，它就可以在几乎没有大气的月球上飞行，并收集有用的数据。

长翼无人机（见左图），很可能将来有一天能在火星的稀薄大气中飞行，并探测火星的表面。

大创意：

未来移居外星洞穴

研究洞穴的最令人兴奋的原因之一，是洞穴可以成为航天员未来的住所。

“很久很久以前，我们的祖先就是穴居人，住在洞穴里有很多好处。”

——惠特克

洞穴成为我们的远古祖先在当时环境下的庇护所。同样，航天员未来要抵御极端的酷热和寒冷，也需要住在洞穴里。

“在月球表面，白天比烤箱热，晚上比冰箱冷。但是，如果你在月球洞穴中居住，温度相对恒定，多数情况下会有相对舒适的感觉。”

——惠特克

住在洞穴里，你也不用担心会遭到微陨石的轰击。

“人们要飞离地球探索外星，最大的挑战是来自于太阳风暴的辐射。很幸运的是，在 20 世纪 60 年代和 70 年代，没有发生太阳风暴。那时，航天员多次乘坐飞船飞向月球，并成功登月。”

——惠特克

住在洞穴里可以保护航天员在月球和火星上免受来自太阳风暴的辐射。

外星洞穴探险仍然是一种需要不断发展和完善的创意。但是，洞穴探险的前景还是很诱人的，因为人们几乎每天都会发现新的外星洞穴。

在遥远的未来，一些像美国 GRAIL 任务所发现的月球洞穴那样的大型洞穴，很可能成为外星移民者的永久家园。这将真正激励探险家对外星洞穴的探索。

“地面上的一个大坑离洞穴究竟有多远？如果没有机器人进入，我们是难以确定的。如果它们可以进入，将极大地推动未来的太空探索。”

——惠特克

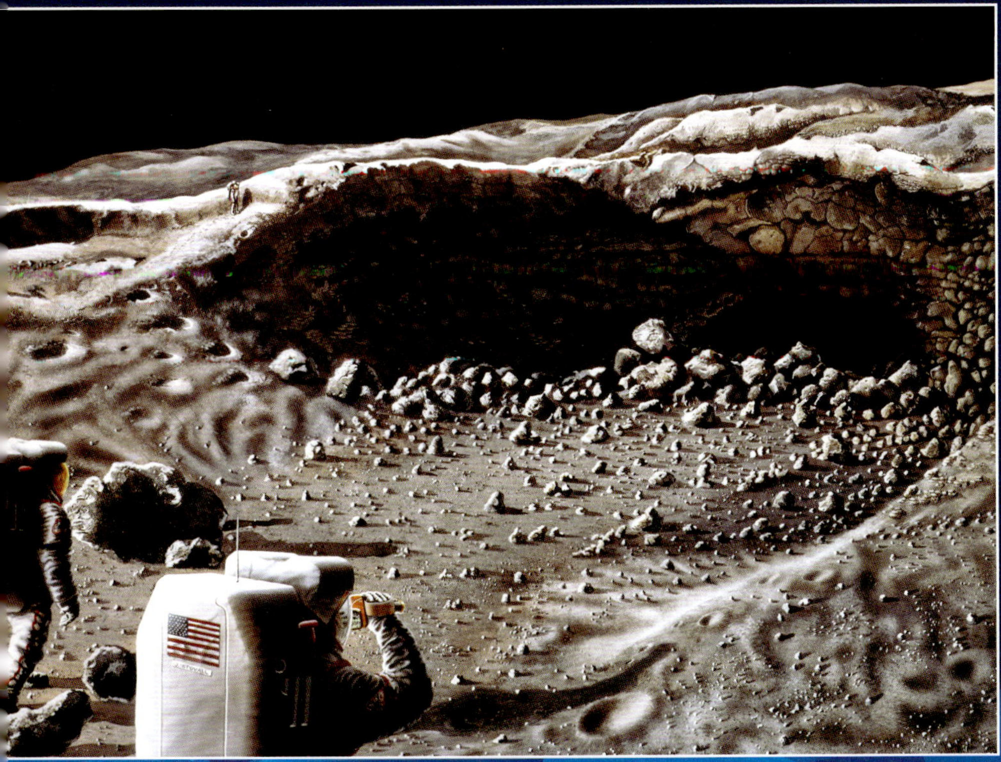

在这幅艺术设想图中，航天员在月球上探索洞穴。这样的洞穴将来可能成为月球移民的家园。

威廉·惠特克和他的团队

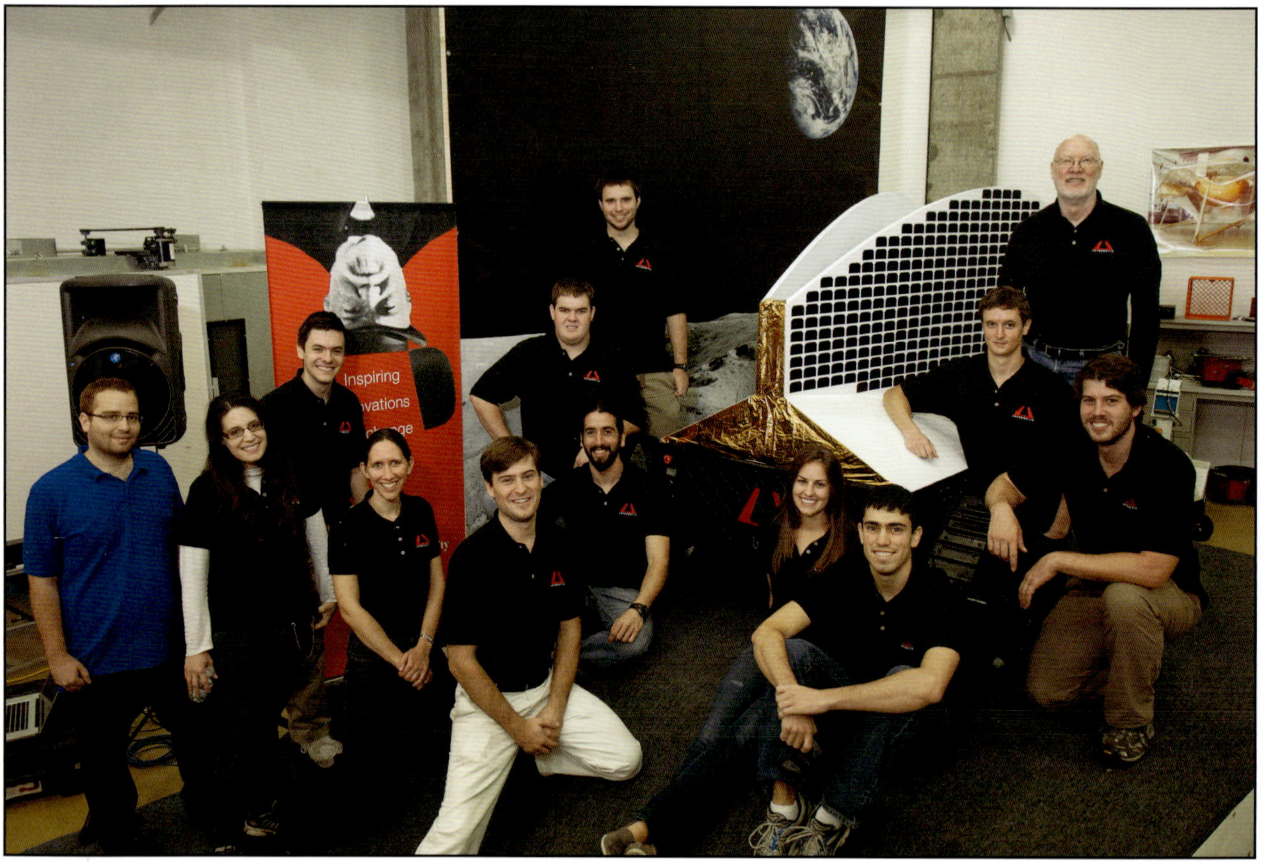

威廉·惠特克和他的机器人研究团队成员。

词汇表

太阳系 银河系中以太阳为中心的天体系统，包括太阳、八大行星及其卫星和不计其数的其他天体。

地形 通常指陆地表面的自然特征。

漫游车 一种在外星表面滚动行驶的探测器。

工程师 利用科学原理设计物体结构，如设计桥梁、摩天大楼、机器和各种各样的产品的人。

太阳能 太阳辐射所发出的能量。在太空探索中，通常利用太阳能帆板将阳光中的能量转化为探测器所需的电能。

陨石 从天外飞来的物体。可能是一块石头，也可能是一块金属。一个天外物体飞入一个星球的大气层，并没有燃烧殆尽，降落在这个星球的表曲，此时它才能被称为陨石。

分辨率 仪器观测或图像显示景物细节的能力。比如，一幅图片分辨率越高，图片的清晰度就越好。

质量 表示物体中含有物质多少的物理量。大自然中的所有物体都是由物质构成。

着陆器 种设计用丁降落在外星表面的航天器。

激光 一种能量强大、亮度很高的人造光。

更多信息

想了解更多关于洞穴的知识吗?

Worlds Beneath Our Feet. Natural Marvels. World Book, 2017.

想建造自己的漫游车吗?

Mercer, Bobby. *The Robot Book: Build & Control 20 Electric Gizmos, Moving Machines, and Hacked Toys.* Science in Motion. Chicago Review Press, 2014.

想了解如何摄影吗?

Honovich, Nancy and Annie Griffiths. *National Geographic Kids Guide to Photography: Tips & Tricks on How to Be a Great Photographer From the Pros & Your Pals at My Shot.* National Geographic Children's Books, 2015.

像发明家一样思考

想象一个外星洞穴的内部。这个洞穴的地面是粗糙的还是光滑的？洞穴里有水还是冰？有巨石或其他障碍物吗？一旦你充分考虑了这个洞穴的所有特征，设计一辆可以在洞穴中顺利前进的漫游车。